AF602206

MÉMOIRE

SUR

LES MANUFACTURES

DE LYON.

MÉMOIRE
SUR
LES MANUFACTURES DE LYON.

Par M. MAYET, Directeur des Fabriques du Roi de Prusse, & Assesseur à la Chambre Royale des Manufactures.

A LONDRES,

Et se trouve A PARIS,

Chez MOUTARD, Imprimeur-Libraire de la REINE, de MADAME, & de Madame Comtesse D'ARTOIS, rue des Mathurins, hôtel de Cluni.

1786.

A

SON ALTESSE SÉRÉNISSIME

MONSEIGNEUR LE MARGRAVE

DE BRANDEBOURG-ANSPACH

ET DE BAREITH, &c. &c.

MONSEIGNEUR,

LES suffrages dont un Corps respectable de Savans a honoré mon Mémoire sur les Manufactures, m'encouragent à le présenter à VOTRE ALTESSE SÉRÉNISSIME, & à le soumettre également à ses lumieres. C'est passer d'un Tribunal à un autre non moins redoutable; mais si le jugement de l'Académie de Lyon est confirmé par celui de V. A. S. il ne me sera plus permis de conserver des doutes sur le succès de ce petit Ouvrage, & je goûterai d'avance la noble satisfaction qu'éprouve l'honnête homme, quand il voit que les efforts qu'il fait pour procurer le bien ne sont pas infructueux. Votre nom, MONSEIGNEUR, *ce nom si respecté & si chéri de ceux qui ont l'honneur de vous approcher, provoquera l'attention des Lecteurs; il ne sera point placé à la tête de ma Dissertation sans la rendre plus utile, par-là même qu'il lui donnera plus de publicité. D'ailleurs, moins les bontés dont V. A. S. m'a honoré sont connues, plus doit être publique la reconnoissance dont j'ose vous supplier d'agréer l'hommage respectueux, ainsi que celui de la vénération profonde avec laquelle j'ai l'honneur d'être,*

MONSEIGNEUR,

DE VOTRE ALTESSE SÉRÉNISSIME,

Le très-humble & très-obéissant serviteur, MAYET, *Académicien de Lyon & de Villefranche, & Directeur des Fabriques du Roi de Prusse.*

AVERTISSEMENT.

L'Auteur de cet Ouvrage, éloigné de trois cents lieues de Lyon, sa patrie; ayant depuis huit ans perdu de vue les Manufactures de cette Ville; n'étant point à portée d'en consulter les archives; privé de tout secours, de tous matériaux, n'a pu faire aucune recherche sur la partie historique de ces Manufactures & sur leur marche progressive. Il ne les a considérées que dans l'état où elles sont depuis une vingtaine d'années. Les révolutions qu'elles ont éprouvées dans ce court espace, & dont l'Auteur, dans sa position actuelle, est plus à portée qu'un autre de découvrir les causes, lui ont fait faire une foule d'observations dont il s'est contenté d'exposer les plus importantes. Il n'a également exposé que sommairement les projets qui lui ont paru les plus utiles, ou, pour mieux dire, les plus indispensables.

L'Auteur, en traitant rapidement le

ſujet propoſé par l'Académie de Lyon, étoit loin de prétendre aux honneurs du triomphe. Un zèle purement patriotique lui avoit fait envoyer ſon Mémoire au concours, comme un appendice à la maſſe de lumières que l'Académie recevroit de toutes parts. Il a été agréablement ſurpris en apprenant que ſon petit Mémoire avoit obtenu l'*Acceſſit*. Si l'Académie a jugé l'Ouvrage du célèbre Abbé Bertholon, *préférable par l'étendue des recherches & par tous les développemens qu'il préſente*, l'Auteur, reconnoiſſant d'ailleurs la grande ſupériorité de ſon rival, vient d'expoſer un peu plus haut ce qui l'a empêché de traiter ſon ſujet avec les mêmes avantages. L'on s'eſt occupé toutefois, depuis l'envoi de ce Diſcours, à développer les objets qui n'y ſont qu'indiqués; de ſorte qu'il ne doit être conſidéré que comme le Diſcours préliminaire d'un Ouvrage aſſez conſidérable, & dont les détails lumineux ne laiſſeront peut-être rien à déſirer ſur ce qui peut aſſurer & maintenir la proſpérité des Manufactures de Lyon.

MÉMOIRE
SUR
LES QUESTIONS SUIVANTES,
PROPOSÉES
PAR L'ACADÉMIE DE LYON :

Quels ſont les principes qui ont fait proſpérer les Manufactures qui diſtinguent la ville de Lyon? Quelles ſont les cauſes qui peuvent leur nuire? Quels ſont les moyens d'en aſſurer & d'en maintenir la proſpérité?

Ouvrage précieux, ſuperbes ornemens,
On diroit que Minerve, en ſes amuſemens,
Avec l'or & la ſoie, a, d'une main ſavante,
Formé de vos deſſins la tiſſure élégante.

ROUSSEAU, *Epître à M.* BORDE *ſur les Fabriques de Lyon.*

LA ſoif des richeſſes n'eſt pas toujours avarice ; elle eſt honorable ou vile, ſelon les motifs qui la déterminent. Emportés par le déſir de faire fortune, les uns vont à travers mille dangers ſe fixer dans les ſables brûlans du Midi, les autres dans les glaces du Septentrion. L'exil de ces hommes entreprenans n'eſt pas éternel, à la vérité; mais l'amertume qu'il répand ſur la plus belle partie de leurs jours, leur fait acheter bien cher le bonheur futur dont ils ſe flattent de jouir dans leur Patrie. Les pays éloignés n'offrent que des peines ſouvent infructueuſes, & des jouiſſances toujours tardives. Peu de Villes, même en Europe, ont, comme Lyon, le double avantage de fournir à leurs habitans les moyens d'amaſſer des richeſſes & ceux d'en jouir. La ſituation de Lyon, une des plus favorables au commerce, eſt en même temps une des plus agréables & des plus propres à la félicité de l'homme. Tous les goûts & tous les rangs trouvent en cette Ville de quoi ſe ſatisfaire. La fortune vous y rend ſur le champ en jouiſſances, ce que vous dépenſez pour elle en travaux.

Lyon compte dix-neuf ſiècles depuis l'époque de ſa fondation. Ses habitans ont eu de tout temps un génie porté au Commerce; même avant leur alliance avec les Romains, ils étoient déjà célèbres dans les Gaules par leur induſtrie. Ce n'eſt cependant point à Lyon, que furent établies les premières Manufactures de ſoies qu'on ait vues en France. Les Fabriques de Lyon ont tant d'avantages ſur celles de Tours, qu'elles cèdent volontiers à ces dernières le mérite de l'ancienneté. Grace à quelques Italiens, Tours étoit déjà connu par ſes étoffes, depuis l'an 1470, lorſque deux Génois, Étienne Turquet & Barthélemi Narris, vinrent également jeter à Lyon les premiers fondemens de ſes Manufactures. Les Lyonnois ne tardèrent pas à ſurpaſſer leurs Maîtres, & à donner à leurs Fabriques ce degré de ſplendeur qui nous étonne, & dont nous allons développer les cauſes.

Quels ſont les principes qui ont fait proſpérer les Manufactures qui diſtinguent la ville de Lyon?

NOUS croyons avoir bien ſaiſi l'eſprit de cette première queſtion, en l'envisageant ſous deux points de vue différens. *A quelle méthode devons-nous la proſpérité des Fabriques de Lyon? A quoi devons-nous cette méthode?*

Sans être préciſément au ſein de ſa France, Lyon, ainſi que nous venons de le dire, a une ſituation des plus favorables au Commerce. Cette Ville eſt placée au confluent de deux grandes rivières & dans le voiſinage de deux autres, ce qui facilite prodigieuſement le tranſport de ſes marchandiſes, ſoit dans l'intérieur, ſoit hors du Royaume. » Ces quatre » rivières ſont, le Rhône, la Saone, la » Loire, & le Doux. Par le Rhône, la » ville de Lyon communique avec le » Dauphiné, la Provence, le Languedoc,

» & même avec la Guienne, par le » canal du Languedoc; & c'eft par là » encore que, communiquant avec la » Méditerranée, elle entretient fon Com» merce avec l'Italie, l'Efpagne, & tout » le Levant.

» La rivière de Saone, dans laquelle » tombe le Doux, lui ouvre la Bourgogne » & la Franche-Comté, d'où on gagne » aifément par terre, & par un trajet » affez court, l'Alface, la Lorraine & la » Champagne.

» Enfin la Loire, qui commence à » être navigable à Roane, à douze lieues » de Lyon, lui facilite le commerce avec » Paris & toutes les Provinces du cœur » du Royaume, & même peut lui donner » part à celui que la France fait par » l'Océan, avec les Nations des quatre » parties de la Terre «.

La proximité des frontières de l'Italie & de l'Allemagne offre encore à la ville de Lyon des avantages confidérables. Cette proximité favorife l'exportation & les voyages; elle établit entre les Marchands de ces diverſes contrées, des liaiſons perſonnelles, plus propres à maintenir la confiance & le crédit, que ne le feroit une ſimple correſpondance épiſtolaire. Les Lyonnois vont en Italie acheter des ſoies; les Allemands viennent à Lyon s'approviſionner d'étoffes : une plus grande diſtance de lieux effrayeroit les uns & les autres, ſurchargeroit les marchandiſes de Lyon de frais de tranſport, & les feroit tomber en concurrence, eu égard à la cherté, avec les étoffes que quelques Souverains étrangers font fabriquer à grands frais dans leurs États. Nous verrons bientôt combien ces Fabriques, établies depuis un demi-ſiècle environ, ſont encore loin de la perfection des nôtres; & le tableau des ſuccès heureux, oppoſé à celui des efforts impuiſſans, fera mieux ſentir les cauſes des uns & les défauts des autres.

Sans parler ici du *petit-façonné*, dont l'exécution, quoique beaucoup plus prompte que celle du *grand-riche*, a également beſoin de deux cotravailleurs; ſans parler même de ces inventions admirables dont l'usage mériteroit d'être plus généralement adopté, & qui, dans la fabrication des étoffes brochées, suppléent à l'Ouvrier secondaire, nous observerons que les étoffes du *plein* offrent déjà une variété de fond, qui, dans les Lyonnois en général, ne décèle pas moins de talent pour la mécanique, que pour la fabrication. Par la disposition seule du métier, par l'arrangement de chaque fil qu'ils y étendent, ils savent donner à un tissu toutes les formes imaginables; & ces différentes mosaïques, si j'ose parler ainsi, fruits d'une combinaison simple & admirable, s'exécutent avec autant de promptitude & de facilité, qu'un taffetas ordinaire.

Les étoffes que la Chine, la Perse, les côtes de Coromandel fournissent à l'Europe, ne doivent l'espèce de vogue dont elles jouissent, qu'à l'éloignement des pays d'où on les tire, & à cette curiosité naturelle que nous avons pour tout ce qui diffère de nos usages. La figure informe, l'accoutrement bizarre d'un

Ouvrier Chinois, ne ſeroient pas moins courus que ſes étoffes, s'il ſe tranſportoit avec elles en Europe; mais cet empreſſement de notre part ne prouveroit ni les graces du viſage Indien, ni celles du coſtume Aſiatique.

En effet, que ſont ces étoffes étrangères, en comparaiſon des nôtres? Leur tiſſu, fait ſans art, préſente un fond qui eſt toujours le même. Leurs deſſins, ſans goût, ſans invention, ne brillent que par le coloris; encore eſt-ce une erreur de croire ce coloris, un ſecret que les Indiens réſervent pour eux ſeuls: il eſt plus naturel de penſer qu'ils ne doivent cet avantage qu'à des productions indigènes employées fraîchement, & qui, par le deſſèchement, ou quelque autre cauſe, perdent inſenſiblement de leur vertu, dans le long trajet qu'elles ſont obligées de faire pour parvenir en Europe.

Quoi qu'il en ſoit, les Lyonnois ſont bien ſupérieurs aux autres peuples dans l'art de compoſer, d'aſſortir, de nuancer leurs couleurs; & la ſageſſe de leurs

Réglemens

Réglemens a pourvu au maintien de cette fupériorité. Toute efpèce de drogue fufceptible d'altération ou d'autres vices, a été interdite aux Teinturiers. On leur a affigné la qualité & la quantité de celles qu'ils devoient employer. Enfin, on leur a prefcrit des règles qui, en affurant le bon teint, partie effentielle des Manufactures, ont fingulièrement contribué à faire profpérer les nôtres.

Les Étrangers fentent fi bien leur impéritie à cet égard, qu'ils ne négligent rien pour fe procurer furtivement des foies teintes de Lyon. Si dans l'état actuel des chofes, ce commerce n'étoit pas défendu fi févèrement, peut-être en réfulteroit-il quelque bien. Quoique l'exportation des foies teintes ne foit pas auffi avantageufe pour l'État que l'exportation des étoffes, il n'eft pas moins fenfé de croire qu'elle empêcheroit au dehors des établiffemens de teinturerie qui peuvent faire des progrès dans la fuite, & qu'elle tiendroit les Fabriques étrangères dans une étroite dépendance de celles de Lyon. Au furplus, ce genre de négoce ne tendant que foiblement à favoriser des Manufactures déjà établies, ne nuiroit que très-peu ou point du tout au débit des étoffes Françoises. Il ne leur ôteroit rien de leur consistance, de leur beauté, & n'ajouteroit rien à leur valeur intrinsèque. Le bas prix des étoffes de Lyon, la qualité de leurs fonds, le goût qui règne dans leurs dessins, voilà ce qui leur assurera toujours la préférence ; & c'est à la méthode, d'où résulte ce triple avantage, que les Manufactures de Lyon doivent leur prospérité.

Examinons chacune de ces qualités à part, & remontons à leurs principes. Nous verrons d'abord, que la consistance des étoffes de Lyon, ou forte ou légère, mais toujours durable en son espèce, tient à plusieurs causes. Premièrement, l'on ne sçauroit trop louer la sagesse des Réglemens, qui, sous des peines sévères, enjoignent à tout Fabricant de se conformer à un tarif, c'est-à-dire, de donner à chaque étoffe, non seulement le degré de largeur prescrit à son genre, mais encore de ne rien omettre dans le nombre de fils qui doivent en composer la chaîne. Ce procédé inspire de la confiance à l'acheteur, & contribue singulièrement au débit des marchandises de Lyon. L'on sait combien l'on est trompé à cet égard dans d'autres Fabriques, & sur-tout dans celles de l'Allemagne, où la rapacité & la mauvaise foi des Juifs, principaux Entrepreneurs, ne sont retenues par aucun frein. Ils font des étoffes d'une force apparente, où la trame supplée à l'organcin. Ces étoffes sont d'une largeur requise à la vérité ; mais leur peu de valeur & de solidité est bientôt reconnu de l'acheteur, qui ne s'expose plus à être trompé. De là le dépérissement & la ruine de ces Fabriques.

Ce qui contribue encore beaucoup à donner aux étoffes de Lyon une consistance belle & durable, c'est l'habitude où sont les Ouvriers de cette ville, de ne se livrer, chacun en particulier, qu'à un seul genre de fabrication. Il n'est pas douteux qu'un Ouvrier accoutumé à faire agir l'énorme battant d'un gros de Tours broché, ne ſaura point donner à la gaze ou au taffetas cette légèreté, cette délicateſſe, ce brillant qui en conſtituent la perfection. Les Fabriques étrangères ſont loin d'adopter cette méthode avantageuſe. Leurs Ouvriers paſſent tous les jours d'un genre de travail à un autre, par caprice ou par néceſſité.

Mais ce qui donne enfin aux étoffes de Lyon une qualité de fond ſupérieure, ce ſont les trames nationales, les plus belles de l'Univers, & ſur-tout l'art avec lequel les Marchands ſavent faire uſage, ſoit de ces trames, ſoit des ſoies étrangères.

Par une fineſſe de vue & de tact qui eſt commune à Lyon, & ſur-tout par un raffinement d'économie bien entendue, ce n'eſt qu'en cette ville que l'on ſait obſerver la gradation de fineſſe qui ſe trouve dans une qualité de ſoie déjà choiſie, qu'on ſait en extraire d'autres qualités, & aſſigner à chacune d'elles la place qui lui convient dans le corps d'une même étoffe. Ce procédé a le double avantage d'ajouter à la beauté de l'étoffe, & d'en diminuer conſidérablement le prix intrinsèque.

Dans les Fabriques d'Allemagne, l'art du *mettage en main*, c'eſt-à-dire, de diviſer & ſous-diviſer une qualité de ſoie, eſt preſque ignoré. L'incapacité du Marchand eſt telle, qu'en recevant une balle de ſoie de l'Italie, ſous la dénomination d'une qualité quelconque, il ne ſoupçonne pas qu'il puiſſe s'y en trouver deux, & ſe hâte de plonger le tout dans la chaudière impatiente du Teinturier. De là une partie de ces défauts groſſiers qui déparent leurs étoffes aux yeux même du non-connoiſſeur.

Le goût qui règne dans les étoffes de Lyon, & que nous regardons comme la principale cauſe de leur proſpérité, a lui-même pour principe la diſpoſition naturelle des Lyonnois, leur École de deſſin, l'étude à laquelle ils ſe livrent conſtamment & uniquement, l'émulation qui règne parmi eux, & l'eſpoir d'un gain toujours proportionné au talent.

L'art du Deſſinateur conſiſte à faire des deſſins légers & brillans, à donner à des étoffes de peu de valeur intrinsèque, une apparence de richeſſe qui en impoſe. Cet art ſi commun à Lyon, fait & fera peut-être à jamais l'admiration & le déſeſpoir des autres Manufactures de l'Europe. Les Étrangers ont ſi bien ſenti juſqu'à préſent leur impuiſſance à cet égard, qu'ils ſe ſont bornés à copier ſervilement nos deſſins. Il ſemble que le Goût ait établi ſon trône à Lyon, & qu'il ſe ſoit impoſé la loi irrévocable de ne jamais abandonner cette réſidence. En effet, les Marchands, les Deſſinateurs, les Ouvriers, qui, ſéduits par l'eſpoir d'une plus grande fortune, ont franchi les bornes de la France, ſe ſont vus bientôt réduits à copier honteuſement ceux mêmes auxquels ils ſervoient de modèles dans leur patrie. Iſolés chez l'Étranger, loin de toute concurrence, leur émulation s'eſt éteinte, leur imagination s'eſt rétrécie, leur génie s'est desséché, & les pensions dont on a accueilli ces transfuges, en leur assurant une existence oiseuse, ont achevé d'étouffer en eux toute espèce de talens & d'activité.

Si, comme nous venons de le démontrer, les étoffes de Lyon sont les meilleures étoffes de l'Univers quant au fond, & les plus belles quant à la forme, une foule de raisons concourent à leur donner un troisième avantage non moins précieux, celui de pouvoir être vendues à un prix extrêmement bas.

C'est sur-tout pour leur procurer ce dernier avantage, que la réunion des talens dont nous avons parlé est nécessaire, que le goût du Dessinateur, l'aptitude de l'Ouvrier, l'industrie du Marchand, doivent épuiser leurs ressources. A Lyon, l'art du Dessinateur, comme nous venons de le dire, se distingue par une distribution économique & galante, qui, dans l'exécution de ses dessins, n'exige ni trop de matière, ni trop de travail, & fait néanmoins soupçonner beaucoup de l'un

& de l'autre. A Lyon, l'Ouvrier a une aptitude tellement fortifiée par l'exercice, dans le seul genre de travail auquel il s'est consacré, qu'il ne fait jamais entrer dans son ouvrage ni trop ni trop peu de soie & de dorure. A Lyon, le Marchand est l'ame de sa Fabrique : c'est lui qui dirige le goût du Dessinateur & l'aptitude de l'Ouvrier. Il invente, & l'on exécute. C'est à son industrie que les étoffes doivent particulièrement la modicité de leur prix; c'est à ses heureuses & prudentes spéculations; c'est au talent qu'il a de ne s'approvisionner de soies qu'à propos & à bon marché, d'en bien connoître les différentes espèces & la propriété de chacune; & enfin, de les employer avec cette économie savante dont nous avons parlé ci-dessus.

Dans ses achats de soie, le Marchand de Lyon jouit encore d'un avantage d'autant plus précieux, qu'il est absolument inconnu aux Fabricans étrangers. Le commerce des soies grèges, tel qu'il se pratique à Lyon, n'a pu qu'influer conſidérablement ſur les ſuccès des Manufactures. Pour entreprendre un tel commerce, un homme n'a beſoin que de crédit. Sa bonne conduite & ſa ſagacité lui tiennent lieu de fonds. Dès qu'avec ces qualités il a gagné la confiance des Cultivateurs, Filateurs ou Négocians étrangers, ceux-ci s'empreſſent de lui envoyer leurs ſoies avec commiſſion de les vendre, de retenir le ſalaire convenu, & d'accorder à l'acheteur le crédit d'uſage. Outre ce crédit, qui eſt de douze à quinze mois, le Fabricant de Lyon a l'avantage de pouvoir choiſir dans un nombre de balles, toujours conſidérable, celle qui lui convient le mieux. Il eſt à Lyon des Courtiers ou Agens de change, eſpèce de Médiateurs très-utiles entre les Négocians en ſoie & le Manufacturier, dont l'unique occupation eſt de faire faire des marchés. Avec le ſecours de ces Agens, un Manufacturier peut, dans un inſtant, réunir ſous ſa main des échantillons de toutes les ſoies grèges ou montées qui ſe trouvent dans la ville. Le ſalaire modique qu'il leur accorde eſt bien compenſé par le bon achat qu'il ne peut manquer de faire, & par les démarches qu'il s'épargne; démarches qui, faites par une ſeule perſonne, ne ſeroient jamais ſuffiſantes, & occaſionneroient une perte de temps extrêmement nuiſible aux ſoins qu'une Fabrique exige. On ſent combien cette méthode eſt propice, combien ces combinaiſons ſont adroites, & de quelle influence elles doivent être ſur le ſort des Manufactures de Lyon.

Les Fabricans qui ſe trouvent dans quelques autres villes de l'Europe, ne ſont ni aſſez nombreux dans un même endroit, ni aſſez induſtrieux, ni aſſez accrédités pour ſe procurer de tels avantages. Chaque conſommateur eſt dans l'uſage de faire venir des ſoies lui-même. Le propriétaire, lors de leur expédition, ſe prévaut du montant à deux ou trois mois de date, ſur la place qui lui eſt indiquée; de ſorte que le Manufacturier ayant payé d'avance, eſt obligé de ſe contenter de la marchandiſe bonne ou mauvaiſe qui lui a été envoyée. S'il arrive même que le prix des ſoies diminue après qu'il a fait ſes achats, il eſt alors dans la néceſſité de faire fabriquer & de vendre ſes étoffes à perte. Ce dernier inconvénient ne peut avoir lieu à Lyon, où les ſoies n'étant qu'en dépôt chez les Commiſſionnaires dont nous avons parlé, ſont aſſujetties aux mêmes variations de prix qu'elles éprouvent aux lieux de leur récolte : d'où il ſuit que le Marchand de Lyon qui n'eſt point en état d'en faire une proviſion conſidérable, lorſqu'elles ſont au plus bas prix, n'eſt jamais néanmoins dans le cas de les payer au deſſus de leur cours ordinaire.

Mais ce qui contribue le plus à baiſſer le prix des étoffes de Lyon, c'eſt le peu de valeur de la main d'œuvre, & cette dernière cauſe en a deux très-remarquables; ſavoir, l'activité & la frugalité de l'Ouvrier Lyonnois.

En hiver, l'Ouvrier Allemand commence & finit ſa journée avec le jour : en été, il ne travaille jamais plus de neuf à dix heures. Le Compagnon ne couche ni ne mange chez ſon Maître. La pluie, le froid, les ſujets de diſſipation qu'il rencontre dans ſon trajet, le trajet même lui occaſionne une perte de temps conſidérable. Auſſi la main d'œuvre eſt-elle & doit-elle être en Allemagne une fois plus chère & moins prompte qu'à Lyon, où l'Ouvrier, en quelque ſaiſon que ce ſoit, commence long-temps avant le jour & finit long temps après ; où le Compagnon habite chez ſon Maître ; où l'aſſiduité de tous les deux n'étant jamais interrompue, diminue leurs beſoins & entretient leur frugalité.

Si nous ne devons qu'à la bonne méthode des Lyonnois la bonne qualité de leurs étoffes, le goût qui règne dans leurs deſſins, l'extrême modicité de leur prix, les Fabricans de Lyon ne doivent eux-mêmes cette méthode qu'à l'éducation qu'ils reçoivent & à la ſageſſe de leurs Réglemens & Statuts.

Ici, la matière que nous traitons devient délicate. Nous avons une vérité à dire, qui bleſſera l'amour propre des uns & flattera peut-être celui des autres, ſelon la bonne ou mauvaiſe interprétation qu'on lui donnera. Quoi qu'il en ſoit, nous ne craignons pas d'expoſer cette vérité à des hommes d'un mérite particulier, à un Corps de Savans, d'autant plus admirable, que le goût des Sciences & des Lettres eſt peu commun dans la cité qui les a vu naître. Ce mot qui nous embarraſſoit, vient de nous échapper. Oui, Meſſieurs, c'eſt à leur indifférence pour les Sciences & pour les Lettres, que les habitans de Lyon doivent en grande partie la proſpérité de leurs Manufactures. Ceci n'eſt point un paradoxe; c'eſt une vérité que ſon développement va démontrer. Nous ſommes loin de cet eſprit paradoxal qui eſt devenu une nouvelle ſource de célébrité, dans un ſiècle où tous les moyens d'acquérir de la réputation ſemblent être épuiſés.

L'Académie de Lyon eſt une des plus reſpectables de l'Europe; mais parmi ſes

Aſtronomes ou ſes Poëtes, elle compte peu de Marchands Fabricans. Ce n'eſt pas que le génie de ceux-ci, qui ſe manifeſte auſſi bien dans le tumulte d'une Manufacture, que dans le ſilence d'un comptoir, ne ſoit capable d'embraſſer toutes ſortes de Sciences ; mais les Lyonnois n'ont pas tort de regarder Plutus comme un Dieu jaloux, qui ceſſe de vous favoriſer dès qu'on partage ſon culte. Leur éducation eſt fondée ſur cette opinion. L'étude des Sciences ou des Lettres leur paroît incompatible avec celle que la Fabrique exige ; & l'expérience prouve qu'ils ont raiſon. En effet, comment concilier le goût des Belles-Lettres avec celui des détails mercantilles, des occupations minutieuſes qu'exige eſſentiellement une Manufacture ? Comment paſſer ſans amertume d'une Société de Savans ou de Beaux-Eſprits, à celle de ces gens ineptes & groſſiers, avec leſquels il faut être continuellement en liaiſon d'opérations, & parler le langage informe & dégoûtant qui leur est propre (*)?

Que l'on jette d'ailleurs les yeux sur ces fortunes immenses & rapides, qui étoient si communes dans la génération précédente. Nous admirerons la sagacité, le jugement de ceux qui en étoient les artisans ; mais nous ne pourrons nous empêcher de sourire en nous rappelant la grossièreté de leur langage & de leur ignorance profonde de tout ce qui n'avoit aucun rapport avec les connoissances que leur état exigeoit. Quelques-unes de ces fortunes se sont évanouies entre les mains de la génération suivante : quelle en est la cause? L'imprudence des pères, leur sotte vanité. Soit qu'ils éprouvassent une fausse honte d'eux-mêmes, soit qu'ils regrettassent de bonne foi des lumières dont la privation ne leur permettoit pas d'entrevoir l'inutilité, ils ont procuré à leurs fils une éducation contraire aux

---

(*) Le patois du peuple de Lyon est un des plus désagréables que nous ayons jamais entendus.

principes ſimples & louables qui les avoient fait proſpérer eux-mêmes. Ils ont cru qu'avec plus de culture, plus de manières, ces fils trouveroient de nouvelles reſſources pour accroître leurs richeſſes, & ces fils n'ont appris que l'art de ſe ruiner. On les a élevés au ſein du luxe qui détruit les fortunes, & de l'oiſiveté qui ne peut les réparer. On leur a fait perdre dans les Colléges & les Académies, un temps qu'ils auroient utilement employé dans l'atelier d'un Ouvrier en ſoie. Cette méthode pernicieuſe a enlevé des hommes à la Fabrique, ſans en donner aux Lettres.

Il faut conſidérer le Marchand Fabricant de Lyon ſous deux points de vue; comme Ouvrier & comme Négociant. En fait de ſoieries, l'Ouvrier n'a pas beſoin des talens du Négociant pour exceller dans ſa profeſſion; mais le Négociant ne peut réuſſir dans la ſienne ſans avoir les talens d'un bon Ouvrier. Auſſi les Réglemens aſſujettiſſent-ils à cinq ans d'apprentiſſage & à trois ans de compagnonage, ceux qui ſe deſtinent à entrer dans

dans le Corps des Maîtres & Marchands. Nous savons que ces huit ans de travaux ne sont pas de rigueur également pour tous. Nous savons que ceux mêmes qui n'en sont pas exempts, trouvent les moyens d'en abréger la durée ; mais l'apprentissage du commerce, qui succède à celui de la fabrique, ne laisse pas d'emporter aussi beaucoup de temps : or, où trouveroit-on celui de se livrer à l'étude des Sciences ? Cette étude d'ailleurs ne nuiroit-elle pas considérablement à celle que la fabrique exige, soit en la retardant trop, soit en nous en dégoûtant tout-à-fait par les raisons que nous avons déjà exposées ?

Il ne nous reste plus qu'à jeter un coup-d'œil sur la méthode vicieuse dont on se sert dans quelques Fabriques étrangères, & principalement dans celles de l'Allemagne. L'on y voit quelques Ouvriers François à la vérité ; mais ils s'y érigent en Marchands, & cessent de faire un métier qu'ils entendoient, pour en prendre un au dessus de leur portée. Ces transfuges ont bientôt dissipé les avances que les Souverains leur font; & s'ils sont assez heureux pour se soustraire à la rigueur des Loix, ils n'échappent point à celle de leur propre misère. Parmi les Entrepreneurs nationaux, il n'en est peut-être pas un qui sache monter un métier lui-même. Ils sont tous obligés d'avoir recours à des Ouvriers qui ont d'autant moins de bon sens & de lumières, que leur profession semble être avilie : du moins n'avons-nous vu en apprentissage que des gens de la lie du peuple, & aucun de ceux qui se destinoient à devenir Marchands Fabricans. Cet abus, que les Réglemens ont interdit à Lyon, est sans contredit ce qui s'oppose le plus aux progrès des Fabriques étrangères ; & l'éducation que reçoivent leurs Entrepreneurs, prouve qu'en Allemagne on ne sait point encore faire la différence d'un Manufacturier à un Négociant.

De tout ce qui précède, il est aisé de conclure que les Réglemens de Lyon sont les fruits d'une longue expérience & d'une mûre réflexion ; que l'éducation qu'on reçoit en cette ville, eſt la plus convenable au Manufacturier; que la méthode qu'on y obſerve pour les Manufactures, eſt la meilleure de toutes; qu'enfin, les Manufactures de Lyon ne doivent leur proſpérité qu'à cette méthode, & que les Lyonnois ne doivent cette méthode elle-même qu'à la ſageſſe de leurs Réglemens & de leur éducation.

Quelles ſont les cauſes qui peuvent nuire aux Fabriques de Lyon?

LE point de vue ſous lequel nous avons enviſagé la première queſtion, la manière dont nous l'avons traitée, ſemble ne laiſſer que peu de choſe à dire ſur les deux queſtions ſuivantes. Il eſt évident que les Fabriques de Lyon pencheront vers leur décadence, dès-lors qu'on s'écartera de la méthode à laquelle elles doivent leur ſplendeur actuelle; & que ce n'eſt qu'au maintien de cette méthode qu'elles devront celui de leur profpérité.

Cependant il n'eft pas hors de propos de s'étendre fpécialement fur quelques abus auxquels les Manufacturiers paroiffent faire trop peu d'attention. Si ces abus n'ont été jufqu'à préfent ni affez multipliés, ni affez confidérables pour porter une atteinte fenfible aux progrès des Manufactures, ils peuvent s'accroître dans l'ombre; l'impunité peut leur prêter de nouvelles forces; ils peuvent miner fourdement les fondemens de la profpérité des Fabriques, & les entraîner dans un précipice dont l'autorité des Loix & le zèle des bons Citoyens ne pourroient peut-être plus les retirer.

Les matières premières fe font ouvert un débouché fi confidérable dans le refte de l'Europe; les diverfes manières de les employer font fi connues, que les Étrangers n'attendent plus que le moment où nous nous abaifferons jufqu'à eux, pour fe paffer entiérement de nous.

Si donc les Officiers Municipaux de

Lyon sont véritablement jaloux de prévenir & d'abolir tout ce qui peut être nuisible aux Manufactures de cette ville, nous les exhortons à réparer autant qu'il est en eux, les torts de leurs prédécesseurs. Ce n'est qu'à la mauvaise administration de ceux-ci que l'on peut attribuer la cherté actuelle des comestibles. Quoique Lyon soit extrêmement peuplé, ses denrées seroient à un prix médiocre, si elles n'étoient assujetties à des octrois trop considérables.

Personne n'ignore que c'est le prix des vivres qui fixe celui de la main-d'œuvre; l'on ignore encore moins que c'est principalement au bas prix de cette main-d'œuvre que nos étoffes doivent leur débit dans le reste de l'Europe; cependant la façon du taffetas est augmentée depuis quelque temps de deux sous par aune. Nous regardons cette augmentation, faite par ordre du Consulat, comme le premier pas de Lyon vers sa décadence.

Il est aisé aux Fabriques étrangères de contrefaire nos étoffes & de copier nos deſſins : le bas prix de notre main-d'œuvre eſt le ſeul avantage qu'ils ne peuvent nous dérober : ſi nous nous privons nous-mêmes de ce dernier avantage, tous les autres nous deviennent inutiles, & leur ſuperfluité nous y fera également renoncer. De là le dépériſſement & la ruine totale des Fabriques de Lyon.

Indépendamment de ces conſidérations, l'humanité ſeule ne devroit-elle pas engager les Officiers Municipaux à veiller un peu plus à la ſanté du peuple? Pluſieurs Ouvriers raſſemblés dans une chambre étroite, y reſpirant un air infect, excédés d'un travail continu, ont beſoin d'une nourriture ſaine pour réſiſter à tant de maux ; & cependant la cherté des denrées leur fait choiſir parmi elles ce qu'il y a de plus vil & par conſéquent de plus contraire à la ſanté. De là cette foule de miſérables qui vont s'enſevelir tous les jours dans le vaſte tombeau de l'Hôpital, & qui ruinent tout à la fois cet établiſſement & la Fabrique.

Un autre abus non moins pernicieux,

auquel un intérêt mal entendu a donné lieu, auquel on devroit remédier, sinon pour le bien des malheureux Ouvriers, du moins pour celui de la ville & des Fabriques en général ; c'est le droit d'entrée imposé sur tous les vins, même sur ceux de la banlieue. Ce droit est devenu à Lyon si onéreux, que l'Ouvrier se trouvant dans l'impuissance d'y satisfaire, a cessé de s'approvisionner de vin, & d'en boire dans l'intérieur de la ville.

Cependant l'on sait que le vin est de toutes les boissons la plus convenable à l'Artisan, lorsque celui-ci n'en abuse point. Le vin le fortifie, ranime son courage, lui donne un fonds de gaîté qui ne lui permet point de réflechir à ses peines. Dans l'Ouvrier en soie sur-tout, il ne provoque point, comme fait l'eau, cette transpiration abondante & quelquefois si funeste aux étoffes qu'il fabrique. L'imposition excessive dont nous venons de parler, a transformé toutes ces vertus du vin en autant de vices, par l'usage immodéré & déplacé qu'elle occasionne d'en faire.

L'Ouvrier en soie, après s'être abstenu de cette liqueur pendant le cours de la semaine, c'est-à-dire, lorsqu'il en a le plus besoin, va communément le Dimanche à quelque distance de la ville, se dédommager amplement de cette privation. Là, sous le prétexte insensé qu'il n'a plus de droits à payer, il se livre quelquefois à un tel excès d'ivresse, que le rétablissement de sa santé lui occasionne une perte de temps aussi nuisible à ses propres intérêts, qu'à ceux de la Fabrique en général.

Au reste, nous ne concevons point par quel défaut de combinaison l'on ne remarque pas que la diminution du droit d'entrée en augmenteroit le produit, par cela même qu'elle donneroit lieu à une consommation beaucoup plus considérable dans l'intérieur de la ville.

Il s'en faut bien que les Étrangers soient aussi peu attentifs que nous à ce qui peut contribuer au rabais de la main-d'œuvre.

A Berlin, par exemple, où les denrées ſont auſſi chères qu'à Lyon, l'Ouvrier en ſoie s'apperçoit moins de cette cherté que les autres Artiſans, par les prérogatives dont il jouit. Il n'eſt pas douteux que les exemptions, les ſecours en tous genres accordés aux Fabricans étrangers, parviendront à mettre le prix de leur main-d'œuvre au deſſous du prix de la nôtre, ſi le Corps Municipal de Lyon ne ſe relâche pas des principes qui paroiſſent diriger l'adminiſtration de la ville.

Un autre inconvénient qui ne tend à rien moins qu'à ſaper les Fabriques de Lyon par leurs fondemens, c'eſt la rapidité avec laquelle les banqueroutes ſe ſuccèdent depuis quelque temps en cette ville. Il eſt certain que les banqueroutes & faillites s'y multiplieront toujours en raiſon du peu d'obſtacle qu'elles rencontreront.

Selon les Ordonnances de Henri IV & de Louis XIV, les Banqueroutiers frauduleux doivent être pourſuivis extraordinairement & punis de mort; mais nous n'avons point d'exemple d'un pareil châtiment, parce que les créanciers, dans la crainte de tout perdre, traitent communément avec le Banqueroutier, &, par un accord précipité, le dérobent aux recherches ultérieures de la Justice. L'on sent de quel encouragement doit être une pareille facilité pour ceux dont la cupidité & la mauvaise foi étouffent les remords & l'opprobre.

Nous nous gardons bien de ranger dans cette classe tous les Banqueroutiers. Il en est que nous plaignons & que nous estimons. Un enchaînement de revers, qu'il n'est pas donné à l'esprit humain de prévoir ni de prévenir, les a conduits à une ruine dont les éclats ont dû naturellement blesser la fortune de plusieurs. Quiconque est dans le commerce doit s'attendre à des atteintes plus ou moins légères, mais toujours inévitables. Le commerce est pareil à ces sols de l'Amérique, sujets à de fréquentes secousses, mais qu'on ne laisse pas d'habiter, à cause des richesses que leur sein renferme. Cependant nous ne pouvons nous dissimuler qu'une banqueroute exempte de toute fraude, ne l'eſt pas toujours de tout reproche. Il en eſt qui ne doivent leur origine qu'à des ſpéculations trop hardies, qu'à une extenſion d'affaires diſproportionnée aux moyens de les gérer. Les auteurs de ces banqueroutes ne doivent imputer leurs malheurs qu'à leur imprudence & à leur ambition. Les uns avec une économie louable, un fonds de probité rare, ont un défaut de jugement qui ſe manifeſte également dans la geſtion de leurs affaires & dans le choix de leurs Débiteurs. La ruine de ceux-ci eſt d'autant plus prompte & plus déſaſtrueuſe, que leur impéritie & leur bonne foi étoient plus grandes & plus aveugles. D'autres, moins eſtimables, par une politique peu ſcrupuleuſe, cherchent à inſpirer de la confiance, à maintenir, à étendre leur crédit, par l'éclat d'une dépenſe au deſſus de leur portée, & quelquefois en donnant à un Facteur intéreſſé pour quelque choſe dans leur commerce, un produit propre à faire ſoupçonner un bénéfice immenſe. Cette manœuvre en impoſe ſouvent ; mais plus ſouvent elle nous réduit à la honteuſe néceſſité de faire banqueroute. Il en eſt d'autres enfin, qui, n'accordant qu'une confiance ſage, meſurée, qui, avec une activité infatigable, des talens, des lumières, font naturellement les gains les plus conſidérables; mais la paſſion du luxe & des plaiſirs ne laiſſe pas de les conduire à une banqueroute d'autant plus déshonorante, qu'elle n'a d'autres ſources que la corruption de leurs mœurs.

Les différens Banqueroutiers dont nous venons d'eſquiſſer les portraits, dépoſent des bilans qui ſont à la vérité dépourvus de toute fraude, où l'on ne ſçauroit remarquer la moindre trace de mauvaiſe foi ; mais quoique leurs banqueroutes aient des origines plus ou moins pures, les ſuites en ſont toujours les mêmes ; elles tendent toutes également à ruiner les Fabriques de Lyon.

Il ſeroit donc très-important d'oppoſer quelque réſiſtance au cours de ces déſordres. Il conviendroit ſur-tout de ſolliciter l'abolition de toutes ces Lettres de répit ou Arrêts de défenſes générales, qui non ſeulement mettent le Banqueroutier dans un état de ſécurité peu convenable à ſon genre de délit, mais le provoquent même à détourner des effets au préjudice de ſes créanciers. Nous croyons que ſi l'on apportoit plus de difficulté & de rigueur dans l'examen & dans l'arrangement d'une mauvaiſe affaire quelconque ; que ſi tout accommodement étoit interdit, dès-lors qu'il auroit été fait ſans la participation & le conſentement des *Juges-Conſervateurs* ; nous croyons, dis-je, qu'on parviendroit non ſeulement à intimider la fraude, mais encore à rendre les Manufacturiers plus prudens, plus circonſpects, plus attentifs à leurs mœurs & aux dangers de l'ambition & du faſte. L'amour du faſte, celui des plaiſirs déréglés, ſont ſouvent les fruits de cette éducation polie, qui, au mépris de celle de nos pères, commence à s'introduire à Lyon. Si l'on ſe rappelle ce que nous avons dit précédemment à ce ſujet, l'on ne doit point douter que nous ne regardions toute éducation qui n'eſt point conforme à celle de nos aïeux, comme une des principales cauſes qui peuvent nuire aux Fabriques de Lyon.

Nous rangeons encore parmi ces cauſes, les fréquentes ceſſations de travail occaſionnées par les deuils de Cour. Ces interruptions donnent lieu à de nombreuſes & funeſtes émigrations. L'Ouvrier, que la misère & la faim contraignent d'abandonner ſon pays, n'a d'autres reſſources, pour ſubvenir aux frais de ſon voyage, que celle de vendre tout ce qui compoſe ſon établiſſement. Cette dure extrémité étouffant en lui toute eſpérance de retour, il va offrir ſon induſtrie à des Souverains toujours prompts à l'accueillir; & lorſqu'il jette dans leurs Etats les premiers fondemens d'une Manufacture, il eſt loin de ſonger à toute l'étendue de ſa vengeance contre une Patrie ingrate qui l'a rejeté de ſon ſein.

Ces Émigrans font doublement tort

aux Fabriques de Lyon. Ils ne ſe contentent point de leur dérober le profit qu'elles auroient fait ſur des étoffes non fabriquées hors du Royaume; mais ſouvent encore ils les privent du profit qu'elles pourroient faire ſur leurs propres commiſſions, par les obſtacles qu'une diſette de bras apporte à leur exécution. Ordinairement les Manufacturiers, après une longue diſcontinuation de travail, ne peuvent, faute d'Ouvriers, remplir leurs engagemens envers les Commettans nationaux & étrangers.

Pour remédier à tant de maux, il conviendroit peut-être d'établir une caiſſe de ſecours, à laquelle chaque Manufacturier contribueroit annuellement en proportion du nombre de ſes métiers. Les calculs que nous avons faits à cet égard, & les probabilités ſur leſquelles ils ſont appuyés, convaincroient nos Juges que cette charge, loin d'être onéreuſe au Marchand Fabricant, ne lui ſeroit pas moins agréable qu'utile. Ceux que l'humanité engage à conſerver leurs Ouvriers pendant les calmes ruineux du Commerce, accumulent dans leurs comptoirs des marchandises dont le débouché est souvent incertain & toujours tardif. Moyennant une contribution si légère & si lente qu'ils ne sçauroient s'en appercevoir, ces Manufacturiers ne chercheroient-ils pas à éviter des pertes d'autant plus décourageantes, que lors même qu'ils se sont déterminés à les faire, leur industrie & leurs peines sont toujours les mêmes? Ne se réjouiroient-ils pas de pouvoir congédier & reprendre des Ouvriers selon leurs besoins, & de ne plus voir en certains temps la misère & la faim assiéger leur porte, ou leur enlever à jamais les principaux agens de leur fortune?

Si ce projet, que nous croyons propre à intéresser également l'humanité & les Manufactures, paroît tel à nos Juges & à nos compatriotes, nous nous empresserons de le leur communiquer dans un Mémoire particulier & trop volumineux pour entrer dans celui-ci.

En continuant nos observations sur les causes

cauſes qui peuvent nuire aux Fabriques de Lyon, nous en avons remarqué une qui leur eſt d'autant plus funeſte, qu'on la regarde comme une des cauſes de leur proſpérité. Nous parlons de l'abus des voyages. Nous concevons de quelle importance il eſt à l'acheteur de ſe transporter lui-même ſur les lieux où ſe fabriquent les marchandiſes dont il a beſoin; mais nous ne pouvons concevoir pourquoi les Marchands de Lyon ſe ſont imposé la loi d'aller de ville en ville offrir leurs étoffes & mendier des commiſſions. Sans parler de l'opprobre dont cette eſpèce de colportage les couvre aux yeux des Nations étrangères, nous nous bornerons à faire remarquer combien de telles incurſions ſont contraires au bien des Fabriques en général.

La manie de voyager ne s'eſt introduite parmi les Marchands Fabricans de Lyon, que depuis une vingtaine d'années environ. Les ſuccès dont les premiers voyages ont été ſuivis, ſuccès heureux qui n'ont pu avoir lieu qu'au détriment des Caſaniers, ont peu à peu déterminé ceux-ci à courir la même fortune ; & ce qui n'étoit d'abord qu'un abus, eſt devenu dans la ſuite une malheureuſe néceſſité. Charmé d'une politeſſe à laquelle il étoit loin de s'attendre, l'Etranger a diminué le nombre de ſes courſes, & s'en eſt entiérement épargné la fatigue, dès-lors qu'il a vu que ſans ſortir de ſon comptoir, il pouvoit s'aboucher avec tous ces Correſpondans, & réunir ſous ſa main tout ce que leurs Manufactures produiſoient de nouveau. Juſque-là néanmoins le mal n'étoit pas extrême ; mais l'affluence, la rapacité, la jalouſie reciproque des voyageurs l'a porté à ſon comble. Ils ont diſputé de bon marché : la valeur intrinsèque des marchandiſes n'a plus été un ſecret, & l'acheteur étonné s'eſt vu ſolliciter pour recevoir à vil prix ce qu'il n'obtenoit ci-devant lui-même qu'avec ſollicitation & à un prix convenable, tout voyage étant d'ailleurs à ſes frais, riſques & périls.

Si cet abus eſt ſi déplorable qu'on ne

puiſſe guère y remédier que par la voie de la perſuaſion, moyen toujours plus foible que celui de la rigueur, lorſqu'il s'agit du bien public; il n'en eſt pas ainſi de ce brigandage connu à Lyon ſous le nom de *piquage d'once*. La ſageſſe des Réglemens en a prévu les ſuites odieuſes, & a cherché à les prévenir par la crainte du châtiment. Cependant l'on ne peut ſe flatter de voir les *piqueurs d'once* diſcontinuer entiérement d'exercer leurs ravages; l'eſpoir d'un gain conſidérable leur fera toujours plus ou moins braver la rigueur des Loix.

L'on ſait que le *piquage d'once* n'eſt autre choſe que le recèlement des vols de ſoie non employée, faits au Marchand par ſes Commis ou ſes Ouvriers; mais parmi ces derniers, il en eſt de plus ou moins coupables. La ſoie, lorſqu'elle eſt miſe en œuvre, eſſuie néceſſairement quelque décher. Pour prévenir à cet égard tout abus & toute conteſtation, l'on eſt convenu de trois choſes: premièrement, d'accorder à l'Ouvrier une bonification de demi-once par livre ; en second lieu, de lui payer comptant tout ce qu'il peut économiser sur cette demi-once, & enfin d'en retenir l'excédent sur le salaire de sa main-d'œuvre. Pour cet effet, il a été nécessaire d'assigner un prix invariable & commun à toutes les matières plus ou moins chères qui lui sont confiées ; mais la fixation de ce prix, par un accord mal entendu, est très-inférieure à la valeur ordinaire des soies. De sorte que quelques Ouvriers, malgré les défenses, ne se font point un scrupule de vendre ce qu'ils appellent improprement leurs déchets, à de petits Fabricans qui les leur payent un peu plus que leurs Marchands, mais beaucoup moins que la soie ne coute réellement à ceux-ci.

Cependant les Ouvriers qui s'en tiennent simplement à ce trafic, sont les plus rares & les moins nuisibles. Il est un plus grand nombre de ceux qui, pour avoir plus de matières à vendre, chargent criminellement leurs soies employées ou non employées, soit en leur communiquant de l'humidité, ſoit en les imprégnant de drogues plus lourdes & mal-faiſantes.

Si cette ſupercherie mérite d'être punie avec la dernière rigueur, les vols domeſtiques commis par les Facteurs ou Aſſociés le méritent bien davantage. Les vols des Ouvriers, quand même ils demeurent ignorés, ont de certaines bornes, mais ceux des Commis n'en ont point.

Nous oſons donc reprocher aux Fabricans de Lyon de ne pas aſſez ſentir combien il eſt de leur intérêt de veiller aux mœurs de leurs Commis. Pourvu que ceux-ci paroiſſent actifs dans le comptoir, ſoient exacts à s'y rendre aux heures indiquées, l'on s'inquiète peu du reſte de leur conduite. C'eſt cependant de leur conduite, que dépend la ſûreté des effets & très-ſouvent de la fortune des Entrepreneurs. Rien n'eſt plus aiſé à un Commis, entre les mains duquel ſont vos livres & vos ſoies diviſées en mille parties, que de vous conduire lentement

& imperceptiblement à une ruine totale. Cette ruine eſt d'autant plus déſeſpérante, que vos livres couvrant avec ordre tous les vols clandeſtins qui vous ont été faits, il vous ſeroit très dangereux de publier même comme un ſoupçon, ce dont vous avez une certitude entière.

Quoique le *piquage d'once* n'ait pas toujours des ſuites auſſi funeſtes, il ne laiſſe pas de faire doublement tort aux Marchands Fabricans : premièrement, parce qu'on leur dérobe une matière qui leur appartient ; ſecondement, parce qu'on emploie cette même matière achetée à vil prix, à faire des étoffes qui, par leur bonne qualité & la médiocrité de leur valeur, empêchent la vente des autres marchandiſes, ou en font baiſſer le prix.

Nous oſons aſſurer que tout ce brigandage n'auroit point lieu, ſi le Corps des Marchands étoit plus difficile dans le choix de ſes Membres. L'on y admet inconſidérément tout Ouvrier qui ſe préſente. L'on ſait pourtant que les *piqueurs d'once* ne ſe trouvent que dans la claſſe des petits Fabricans, & que la fortune ni le crédit de ceux-ci ne leur permettant pas de s'approviſionner en gros, ils ſont en quelque ſorte néceſſités ou du moins encouragés à *piquer l'once.* Il eſt étrange néanmoins de ne voir preſque jamais proſpérer ces petits Fabricans. Le tort qu'ils font aux autres ne tourne point à leur profit. Ils ont toute la capacité d'un bon Ouvrier ; mais le commerce exige un certain ordre & des lumières qu'ils n'ont point. Après avoir diſſipé, comme Marchands, le fruit des épargnes qu'ils ont faites comme Ouvriers, ils finiſſent quelquefois par n'être ni l'un ni l'autre, & plus ſouvent par retourner à leur premier état, beaucoup plus indigens & plus coupables que lorſqu'ils en ſont ſortis.

Pour conſerver ces hommes à la Fabrique, & pour leur ôter les moyens de lui nuire, il conviendroit peut-être de diminuer le prix de la maîtriſe, & de rendre proportionnément plus chère qu'elle ne l'eſt, la permiſſion de travailler pour ſon propre compte. Cette augmentation de droit deviendroit un obſtacle phyſique à l'agrégation d'une foule d'Ouvriers au Corps des Marchands Fabricans ; & loin d'être onéreuſe à ceux-ci, elle les délivreroit d'une rivalité dangereuſe par elle-même, aboliroit le *piquage d'once* plus dangereux encore, & mettroit peut être un terme aux débordemens qu'il occaſionne ou qu'il encourage.

Après avoir parlé des principales cauſes qui peuvent nuire aux Fabriques de Lyon, nous finirons par dire un mot des accaparemens de ſoie. S'il exiſte à ce ſujet quelque Ordonnance particulière, nous n'avons vu perſonne s'y conformer, dès-lors qu'il lui a été poſſible de l'enfreindre. Il n'eſt que trop de ces gens que la cupidité porte à accaparer les ſoies & à leur donner une valeur exorbitante, dans le temps même que le prix en devroit être le plus modique. Combien ils ſont pernicieux au Commerce ! que de fortunes ils engloutiſſent ! à quelle déplorable misère ils livrent les Ouvriers par le ralentiſſement qu'ils apportent dans les Fabriques ! En effet, le Manufacturier qui, ſur l'aſſurance d'une bonne récolte, a reçu des commiſſions à un bas prix, ſe voit contraint, par le monopole, de ne point les exécuter, ou de ne le faire qu'avec perte.

Les accaparemens de ſoies ſont d'autant plus condamnables, qu'ils ſuppoſent, dans ceux qui les font, une fortune & un crédit immenſe. N'eſt-il pas honteux à un Citoyen d'employer, pour écraſer le commerce de ſa Patrie, les avantages mêmes qu'il a puiſés dans ſon ſein ? L'on a vu des Monopoleurs anéantir entièrement les Fabriques de la ville la plus floriſſante, ſoit en contraignant l'acheteur étranger à chercher d'autres ſources plus abondantes & moins chères qu'il a fini par ne plus abandonner, ſoit en étouffant toute émulation parmi les Manufacturiers. L'émulation peut ſeule donner de l'activité aux Fabriques & perfectionner l'induſtrie. Ce n'eſt que d'un partage égal de richesses & de moyens, que peut naître cette émulation ; or rien n'est plus propre à l'éteindre, que le monopole qui interdit aux autres tous les moyens, & qui accumule sur un seul toutes richesses.

Quels sont les moyens d'assurer & de maintenir la prospérité des Manufactures de Lyon?

PARMI les causes qui peuvent nuire aux Fabriques de Lyon, nous venons de rapporter celles qui méritent le plus d'attention. Nous avons vu que, pour assurer & maintenir la prospérité de nos Manufactures, il étoit sur-tout important d'empêcher ou de prévenir la cherté des comestibles, qui entraîne nécessairement celle de la main-d'œuvre ; les banqueroutes qui ont des sources différentes, mais toujours les mêmes suites ; les cessations de travail, qui occasionnent les émigrations ; les voyages, qui ne tendent qu'à ruiner mutuellement les Voyageurs; le brigandage, connu à Lyon fous le nom de *piquage d'once*; la facilité avec laquelle on admet dans le Corps des Marchands, des Ouvriers qui les ruinent fans s'enrichir eux-mêmes; enfin, les accaparemens de foie, fléau plus dangereux encore que les autres.

Nous avons montré le mal, & indiqué le remède en même temps. Nous avons en quelque forte répondu d'avance à la dernière queftion de nos Juges. Néanmoins cette queftion nous a fait naître particulièrement quelques réflexions que nous allons ajouter à tout ce que nous avons dit.

C'eft fur-tout à préfent que nous avons befoin de l'eftime des vrais Philofophes, pour nous confoler des clameurs que nous allons exciter. Le commun des hommes ne s'attendrit que fur le fort des particuliers, ne voit que la misère qu'il a fous les yeux; mais la vue de nos Juges s'étend plus loin. Le bien public, l'intérêt de l'État, voilà ce qui les touche principalement.

Nous ne craignons donc point de dire que pour aſſurer & maintenir la proſpérité de nos Manufactures, il eſt néceſſaire que l'Ouvrier ne s'enrichiſſe jamais, qu'il n'ait préciſément que ce qu'il lui faut pour ſe bien nourrir & pour ſe bien vêtir. Dans une certaine claſſe du Peuple, trop d'aiſance aſſoupit l'induſtrie, engendre l'oiſiveté & tous les vices qui en dépendent. A meſure que l'Ouvrier s'enrichit, il devient difficile ſur le choix & le ſalaire du travail. Le ſalaire de la main-d'œuvre une fois augmenté, il s'accroît à raiſon des avantages qu'il procure. C'eſt un torrent qui a rompu ſes digues, & dont les forces s'augmentent en proportion des ruiſſeaux qu'il entraîne dans ſon cours. Rien n'eſt plus capable de lui réſiſter : tout eſt perdu.

Perſonne n'ignore que c'eſt principalement au bas prix de la main-d'œuvre, que les Fabriques de Lyon doivent leur étonnante proſpérité. Si la néceſſité ceſſe de contraindre l'Ouvrier à recevoir de l'occupation, quelque ſalaire qu'on lui en offre ; s'il parvient à ſe dégager de cette eſpèce de ſervitude ; ſi ſes profits excèdent ſes beſoins au point qu'il puiſſe ſubſiſter quelque temps ſans le ſecours de ſes mains : il emploiera ce temps à former une ligue. N'ignorant pas que le Marchand ne peut éternellement ſe paſſer de lui, il oſera lui preſcrire à ſon tour des loix qui mettront celui-ci hors d'état de ſoutenir toute concurrence avec les Manufactures étrangères ; & de ce renverſement auquel le bien-être de l'Ouvrier aura donné lieu, proviendra la ruine totale des Fabriques.

Il eſt donc très important aux Fabricans de Lyon, de retenir l'Ouvrier dans un beſoin continuel de travail ; de ne jamais oublier que le bas prix de la main-d'œuvre leur eſt non ſeulement avantageux par lui-même, mais qu'il le devient encore, en rendant l'Ouvrier plus laborieux, plus réglé dans ſes mœurs, & plus ſoumis à leurs volontés.

Au ſurplus, nous n'écrivons ceci que pour les gens humains & éclairés. Malheur à nous, si nous nous sommes assez mal expliqués pour paroître encourager ces Marchands avares, ces sangsues impitoyables qui s'engraissent des sueurs du pauvre, qui abusent de l'ascendant qu'ils ont sur l'Ouvrier pour le faire périr de travail & d'inanition ! Nous avons pourtant lieu d'espérer que nous ne serons point confondus avec ces barbares. La *Caisse de secours* dont nous avons parlé, celle d'*encouragement* que nous allons y ajouter, doivent suffisamment prouver que nous serions au comble de nos vœux, si nous pouvions concilier le bien-être de chaque individu avec l'intérêt de l'Etat & la prospérité des Fabriques en général.

En persistant à croire qu'il ne faut point enrichir l'Ouvrier, nous sommes cependant loin de penser qu'il ne faille lui accorder aucune espèce d'encouragement. Nous croyons au contraire qu'il importe également aux Manufactures, d'attacher l'Ouvrier à sa profession, de la lui faire estimer, de le dédommager par des marques de distinction, des agrémens qui lui ſont refuſés par cette médiocrité, voiſine de l'indigence, à laquelle nous l'avons, pour ainſi dire, condamné.

Nous avons parlé d'une *Caiſſe de ſecours* propre à ſoutenir l'Ouvrier pendant ces calmes accidentels auxquels les Manufactures de Lyon ſont ſi ſujettes ; nous allons encore propoſer d'établir une *Caiſſe d'encouragement*, propre à le tenir en haleine lorſque les Fabriques ont le plus beſoin de ſes ſecours. Le Roi, la Ville, ou les Marchands, pourroient faire les fonds de cette dernière Caiſſe ; mais cet honneur conviendroit particulièrement au Roi. Il eſt déjà un Souverain dans la Germanie, qui, jaloux de toutes les gloires & de tous les profits, fait un don annuel de cinquante mille écus à ſes Fabriques. Au ſurplus, on pourroit combiner la *Caiſſe de ſecours* avec celle dont nous parlons, & puiſer dans une même ſource ce qui ſeroit alternativement néceſſaire à l'Ouvrier, c'eſt-à-dire, des ſecours ou des récompenſes.

Nous croyons que rien ne ſeroit plus

propre à maintenir & à assurer la prospérité des Fabriques de Lyon, que de distribuer des médailles ou de légères sommes à ceux qui, pendant le cours de l'année, se seroient distingués par quelques nouvelles inventions. L'on pourroit également proposer un prix pour celui qui, dans un espace de temps limité & dans un genre d'étoffes prescrit, auroit travaillé avec le plus de célérité & de perfection. Les vainqueurs seroient couronnés avec pompe dans une salle de l'Hôtel de Ville. Les Maîtres-Gardes, Marchands & Ouvriers auroient été les Juges. L'on ne seroit parvenu à l'emploi de ces derniers que par de tels honneurs. C'est un usage très-ancien à Lyon, de prononcer, le jour de Saint Thomas, une harangue publique à l'Hôtel de Ville : ce jour seroit peut-être le plus convenable à l'auguste cérémonie dont nous parlons. L'Orateur seroit chargé d'ajouter au sujet qu'il traite, quelque chose d'analogue au triomphe dont le Peuple seroit témoin. Il ne seroit pas non plus hors de propos, pour donner

plus

plus de luftre à l'art de fabriquer, de placer au même endroit un métier en foie, fur lequel le Prévôt des Marchands ne craindroit point d'impofer publiquement fes mains. Nous croyons qu'en fe foumettant à cette loi, il ne dérogeroit pas plus à fa qualité, que le Souverain de la Chine ne déroge à la fienne, lorfque pour anoblir l'Agriculture, il laboure tous les ans un coin de champ, de fes mains impériales. L'on fent quelle impreffion un pareil fpectacle feroit fur le Peuple : à quelle ivreffe, à quelle noble émulation il livreroit les efprits : combien il infpireroit de goût pour une profeffion dont il feroit peut-être à craindre que le Peuple ne fût détourné par le peu de moyens qu'elle offre de s'enrichir.

Mais après avoir parlé de récompenfes & de marques de diftinction, il n'eft ni injufte ni cruel de propofer de légères peines pour ceux en qui la cupidité étouffe tout fentiment de gloire, tout amour de la Patrie ; pour ces ouvriers qui, foutenus dans un temps de difette ou de ceffation de travail, ne laisseront pas de s'expatrier & de porter ailleurs leur industrie. Après s'être assuré du lieu de leur résidence & de la solidité de leur établissement, par la voie des Ambassadeurs, Envoyés, Consuls ou Agens de la France, il conviendroit d'exposer l'effigie du déserteur dans cette même salle de l'Hôtel de Ville dont nous avons parlé. Mais l'intérêt des Fabriques qui nous a fait imaginer cette espèce de flétrissure, exige encore qu'elle puisse être effacée par le retour du coupable. L'on ne feroit donc aucune difficulté de détacher l'effigie, & de réintégrer le fugitif dans ses droits, dès-lors que le repentir l'auroit ramené au sein de sa Patrie, & qu'il auroit publiquement demandé pardon de ses égaremens au Corps de la Fabrique, c'est-à-dire, à ceux qui la représentent. Si la rigueur prévient beaucoup de torts, l'indulgence en répare encore davantage.

En poursuivant nos observations, nous avons trouvé que la culture du mûrier, si elle étoit plus encouragée, seroit encore un des moyens les plus propres à maintenir & à assurer la prospérité des Manufactures de Lyon. Personne n'ignore que les soies nationales sont d'une nature à pouvoir surpasser toutes les autres en qualité. Cependant l'on ne cultive le mûrier que dans quelques parties méridionales de la France ; encore ces Provinces ne fournissent-elles que peu de soies en proportion de leur étendue. Qu'on ne dise point que le sol & le climat de la France ne soient point par-tout également propres à la culture du mûrier. Dans une Province du Nord, où l'aridité du sol répond à la rigueur du climat, nous sommes témoins de l'abondance de soie dont la Nature récompense les efforts du Monarque. Nous ne doutons pas qu'avec de pareils efforts, la France ne parvînt à recueillir, dans son propre sein, de quoi alimenter ses Fabriques, sans le secours des Etrangers. S'il lui est possible d'obtenir de son sol le poids des matières premières dont elle a besoin, il lui sera plus possible encore de donner à ces matières les différentes qualités, les différens apprêts qu'exige la diverſité de ſes étoffes. L'on ſait qu'aujourd'hui même la ſomme des ſoies nationales équivaut à peine à celle des ſoies que nous tirons de l'Etranger. L'on évalue ces dernières environ trente millions de livres tournois. C'eſt donc un tel numéraire que la France retiendroit annuellement dans ſon ſein, ſi elle donnoit plus d'encouragement & d'extenſion à la culture du mûrier.

Mais ſans s'expoſer aux moindres frais, ſans contraindre le propriétaire d'un terrein à une culture qui peut lui être particulièrement moins avantageuſe qu'une autre, il eſt facile à la France d'augmenter conſidérablement le nombre de ſes mûriers, en accordant même comme un bienfait une permiſſion dont elle ſeroit la première à recueillir les fruits. Elle n'auroit qu'à donner à tout particulier, d'un talent reconnu, le pouvoir de faire des plantations de mûriers ſur les bords des grands chemins qui la traverſent en tous ſens, & dont elle peut diſpoſer ſans attaquer la propriété de qui que ce soit. Elle pourroit assigner aux différens Entrepreneurs une longueur de terrein plus ou moins considérable, en leur défendant expressément d'embarrasser le passage, & d'admettre dans la bordure des chemins aucun arbre étranger. Parmi les avantages qui résulteroient de l'exécution de ce projet, il en est un pour les voyageurs. Les routes, soutenues de chaque côté par des appuis inébranlables & verdoyans, seroient non seulement embellies, mais encore moins sujettes à se détériorer.

L'on pourroit également mettre à profit ces terres incultes, qui, en divers cantons de la France, n'appartiennent à personne en particulier, & où chacun a droit d'envoyer paître ses troupeaux. Quelques mûriers plantés çà & là dans ces vastes *communes* ne feroient aucun tort aux pâturages.

Enfin, nous regardons l'exécution de ce dernier projet comme un des moyens les plus sûrs de maintenir & d'assurer la prospérité des Fabriques de Lyon. Nous lui trouvons ſur-tout le mérite rare de faire le bien général, ſans nuire à qui que ce ſoit en particulier.

Nous ne dirons point qu'il importe également à nos Fabriques de voir l'entrée des ſoies & la ſortie des étoffes affranchies de tout droit. C'eſt une vérité qui a été expoſée ſi ſouvent, que nous ne voulons point répéter faſtidieuſement ce que d'autres ont déjà dit. Nous terminerons donc nos réflexions par la plus importante de toutes, par démontrer de quelle dangereuſe conſéquence il ſeroit pour les Fabriques de Lyon, ſi la Cour de Verſailles venoit à perdre le goût de cette ſomptuoſité, de cette élégance de parure, que toutes les autres Cours cherchent à imiter. L'on ſait que la France ſeule a droit de faire adopter ſes modes & ſes uſages au reſte de l'Europe. Si le goût de la ſimplicité dans les vêtemens s'introduit dans cette Monarchie, ce goût deviendra une loi pour les autres Peuples, & l'induſtrie des Lyonnois ſera éteinte. Quel débouché ceux-ci trouveront-ils à ces étoffes qui nous étonnent par la richeſſe & le goût de leurs deſſins ? De quelle branche de commerce, de quelle ſource de gloire & d'opulence la Nation ne ſe privera-t-elle pas elle-même ?

Il eſt donc à ſouhaiter que le Trajan de la France puiſſe vaincre à jamais ſa répugnance pour le luxe des habits ; & qu'une jeune Reine, dont la beauté & les graces n'ont pas beſoin de parure, ſe ſoumette néanmoins à vêtir les robes les plus riches & les plus éclatantes, afin que ſon exemple & celui de ſon auguſte Epoux, étant ſuivis de toute l'Europe, puiſſent aſſurer & maintenir la proſpérité des Manufactures de Lyon.

F I N.

www.ingramcontent.com/pod-product-compliance
Ingram Content Group UK Ltd.
Pitfield, Milton Keynes, MK11 3LW, UK
UKHW021312190726
13839UKWH00007B/1193

9 782329 245515